Émile Littré

Les Étoiles filantes

Sciences

 Le code de la propriété intellectuelle du 1er juillet 1992 interdit en effet expressément la photocopie à usage collectif sans autorisation des ayants droit. Or, cette pratique s'est généralisée dans les établissements d'enseignement supérieur, provoquant une baisse brutale des achats de livres et de revues, au point que la possibilité même pour les auteurs de créer des œuvres nouvelles et de les faire éditer correctement est aujourd'hui menacée. En application de la loi du 11 mars 1957, il est interdit de reproduire intégralement ou partiellement le présent ouvrage, sur quelque support que ce soit, sans autorisation de l'Éditeur ou du Centre Français d'Exploitation du Droit de Copie , 20, rue Grands Augustins, 75006 Paris.

ISBN : 978-1976343056

10 9 8 7 6 5 4 3 2 1

Émile Littré

Les Étoiles filantes

Sciences

Table de Matières

Les Étoiles filantes   6

Les Étoiles filantes

Il n'y a pas très longtemps que l'astronomie, ayant pénétré les principaux secrets du *monde*, s'est efforcée de jeter quelques regards dans les profondeurs de l'*univers*. Il faut en effet distinguer, à l'exemple d'un penseur contemporain, le *monde de l'univers*, et affecter, dans le langage scientifique, une expression séparée à chacune de ces idées. Le *monde*, c'est le système dont nous faisons partie, soleil, planètes, satellites et comètes, système dans lequel le soleil occupe un foyer de toutes les ellipses, et où la gravitation détermine des mouvements éternellement réguliers. – L'*univers*, c'est l'espace infini au-delà de ce *monde*, espace semé d'étoiles innombrables, de voies lactées, de nébuleuses, qui se perdent à des distances sans limites. Le *monde*, quelque grandes que nous en paraissent les dimensions, n'est qu'un point imperceptible dans l'*univers* ; un abîme le sépare du reste de l'espace immense, un véritable abîme, car les étoiles qui sont le plus rapprochées de nous sont encore deux cent mille fois au moins plus loin que n'est le soleil de la terre, n'exerçant plus sur notre système aucune influence de gravitation ni de chaleur, et ne se révélant à nous que comme des points étincelants qui parent notre nuit de leurs froides et tranquilles clartés. Cet abîme, les astronomes modernes ont essayé de le franchir. Ici, l'immensité des éloignements paralyse les efforts, qui cependant n'ont pas été complètement infructueux : non pas que par là on doive entendre que jamais l'homme puisse avoir une idée quelconque de l'univers ; les termes même impliquent contradiction. L'espace sans bornes, le nombre illimité des soleils et des nébuleuses, tout cela est, comme ensemble, absolument inaccessible à l'esprit humain, pour qui la constitution de l'univers sera toujours lettre close. C'est déjà beaucoup pour l'homme, être si faible et logé sur une si petite terre, que d'avoir pu embrasser véritablement dans une théorie scientifique et sous un même coup d'œil toutes les lois qui régissent son monde particulier. Les excursions qu'il tentera au-delà ne lui rapporteront jamais rien d'aussi fructueux ; toutefois le peu qu'il glane dans les régions inter-solaires n'est point à dédaigner ni pour la curiosité scientifique ni pour la conscience humaine. Des nébuleuses ont été reconnues et étudiées ; des étoiles singulièrement associées et tournant l'une

Émile Littré

autour de l'autre ont été aperçues, et fourniront un jour le moyen d'étendre jusqu'à ces lointaines régions la loi de la gravitation. Enfin, ce qui était le premier pas à faire et ce qui a longtemps arrêté, on est parvenu à déterminer, dans les limites, il est vrai, d'une très large approximation, la distance qui sépare la terre de quelques-unes des étoiles. Sans doute aussi les astronomes ne tarderont pas à nous dire vers quelle partie du ciel notre soleil entraîne après lui tout le système qui lui est subordonné. Et ceci a une importance directe pour les hommes et leur terre : il n'est aucunement sûr que les contrées célestes que la terre parcourt à la suite du soleil soient d'une constitution identique. Or, nous commençons à recueillir quelques notions positives sur la constitution de la contrée céleste que nous traversons présentement. Munis des renseignements que nous leur transmettrons, nos descendants pourront se former, dans la longue suite des âges, des notions infiniment curieuses et intéressantes sur ce sujet, qui jusqu'à présent était couvert d'une obscurité profonde.

Notre terre est dans des rapports étroits et nécessaires avec le milieu où elle se meut et les corps qui y sont semés, tellement que son existence et l'existence des êtres vivants qui la peuplent ne sauraient être conçues sans cette influencé lointaine à laquelle elle est soumise. Elle a dans le soleil un maître qui, en raison de sa masse énorme, la retient dans une orbite constante et ne lui permet pas de s'égarer dans l'immensité ; la même gravitation qui, inhérente à la matière, lie les particules terrestres autour de leur centre lie aussi les astres lointains et détermine leurs formes et leurs mouvements. Du même maître qui la gouverne, elle reçoit la chaleur, sans laquelle aucune vie ne se développerait à la surface, et, bien qu'elle renferme aussi une somme notable d'un calorique qui fut à l'origine excessivement intense, et qui maintenant, concentré dans les profondeurs, va s'épuisant tous les jours, elle serait un désert froid et inanimé, aussi glacé que ses pôles, si le soleil n'était un foyer de rayons calorifiques. C'est lui encore qui, avec la chaleur, épanche la lumière, donnant non-seulement le jour à la terre, mais embellissant aussi ses nuits par la clarté qu'il prête à la lune. Bien plus, ces deux astres portent leur action sur les mers de notre globe : chaque fois qu'ils passent au méridien, ils en soulèvent les flots, et les longues côtes de l'océan, deux fois couvertes et découvertes en vingt-quatre heures, témoignent de la subordination générale de toutes les choses. Le milieu même que la terre parcourt avec une rapidité singulière n'est pas indifférent au maintien de notre température, et par là à l'existence des végétaux et des animaux ; on a trouvé que les espaces inter-planétaires avaient un froid de 50 à 60 degrés au-dessous de zéro, et, tout extrême qu'il puisse paraître, ce froid n'en est pas moins une des conditions qui entrent dans la permanence d'une certaine température à la superficie du globe.

Notre habitacle tient, par tous les côtés, au grand ensemble dont il fait partie. Il est subordonné aux lois générales qui régissent le monde, étant quelque chose de particulier au milieu d'un vaste système, et à son tour, comme il est, par rapport à nous, quelque chose de plus général, il nous subordonne à toutes les lois qui règlent son existence. La terre dépend du monde ; mais la végétalité et l'animalité dépendent de la terre. C'est ainsi que, pour connaître les êtres vivants, il faut connaître les conditions de leur vie, et qu'une juste hiérarchie des sciences place au premier degré ce qui est plus général et par conséquent plus simple, pour venir à ce qui est plus particulier et par conséquent plus compliqué, si bien que, quand on veut arriver à la connaissance des sociétés et de la loi naturelle qui les gouverne, on s'aperçoit qu'elles aussi sont sous la dépendance d'un ordre plus général qu'elles, ordre qui est celui de l'existence organique ou vivante. Quels que soient les préjugés actuels et les habitudes qui en découlent, rien ne peut plus faire que cette notion suprême, aujourd'hui mise dans la circulation, ne pénètre enfin les esprits, et qu'on ne comprenne la subordination réelle des sciences, qui s'enchaînent, se supposent, et, ainsi systématisées, forment la vraie philosophie.

Ce ne sont pas les seules relations que la terre ait avec le dehors. Il en est de plus immédiates et de plus directes qui, il est vrai, sont restées inconnues jusqu'à nos temps, bien que les unes aient singulièrement frappé l'imagination des hommes, et que les autres se produisent tous les jours à leurs yeux sans avoir eu le privilège d'éveiller leur attention. Je veux parler des *météores ignés*.

Les météores ignés comprennent les *étoiles filantes*, les *bolides* et les *aérolithes*.

Les étoiles filantes sont, ainsi que le nom l'indique, des feux semblables à des étoiles et parcourant un certain trajet dans le ciel.

Les bolides sont des globes de feu qui illuminent l'horizon.

Les aérolithes sont des pierres qui tombent sur la terre avec un grand fracas et souvent avec une grande lumière.

L'antiquité a mentionné bien des fois la chute de pierres venant du ciel. Dans la 78e olympiade, environ 467 ans avant l'ère chrétienne, une pierre tomba près du fleuve Ægos-Potamos, là où, plus tard, Lysandre mit fin à la guerre du Péloponnèse par une victoire décisive sur les Athéniens ; elle était grosse comme un chariot et de couleur brûlée. Vu leur origine, de pareilles pierres ont été consacrées dans les temples païens et y sont devenues l'objet de l'adoration. Tite-Live cite des pluies de pierres ; chaque fois que ce prodige était signalé, on ordonnait des sacrifices, afin d'apaiser les dieux et de détourner leur colère. Les anciens croyaient à la réalité du phénomène, et, y croyant, ils l'incorporaient sans effort dans tous leurs systèmes d'idées. Leur religion acceptait ce prodige et le rendait sensible aux yeux et aux cœurs, comme du reste l'ensemble de ce qu'ils savaient, en le rattachant au lien suprême de leur existence sociale. Mais, dira-t-on, ces récits de la crédule antiquité sont-ils véritables, et est-il permis d'y avoir confiance ? Voyez vous-même et jugez. En 1627, Gassendi rapporte qu'il tomba sur le mont Vaiser, entre les villes de Guillaume et de Pernes, en Provence, une pierre enflammée qui paraissait avoir quatre pieds de diamètre ; elle était entourée d'un cercle lumineux, et la chute fut accompagnée d'un bruit semblable à celui de plusieurs coups de canon réunis. En 1723, à Reichstadt, on vit un petit nuage, le ciel était d'ailleurs serein, et en même temps il tomba dans un endroit, après un éclat très fort, vingt-cinq pierres, et huit dans un autre. En 1750, près de Coutances en Normandie, explosion et chute d'une pierre. Au reste, toutes ces descriptions se ressemblent, ce qui les confirme toutes : il y a toujours explosion, très souvent lumière, puis chute de pierres, qui sont très chaudes, répandent une odeur sulfureuse, et présentent une apparence tout-à-fait semblable. En 1790, près des Pyrénées, apparition d'un globe de feu qui efface l'éclat de la lune, alors presque dans son plein ; il éclate, les débris s'en éteignent dans l'atmosphère ; puis un bruit semblable à une décharge de grosse artillerie se fait entendre, et des pierres de différentes grosseurs tombent sur un espace de près de deux lieues. À

Les Étoiles filantes

quoi bon prolonger davantage cette énumération ? En voilà bien assez pour donner crédit aux dires des anciens. Des pierres tombèrent jadis du ciel, et il continue d'en tomber aujourd'hui sans interruption et sans relâche.

Les météores ignés ont été l'objet de diverses explications également hypothétiques. D'abord on a cru qu'ils se formaient dans l'atmosphère, puis qu'ils provenaient de la lune, enfin qu'ils circulaient, comme une planète, autour du soleil. Ces trois ordres de suppositions veulent être examinés successivement.

Quand, par une nuit sans nuage, on promène les yeux sur la voûte céleste, on voit immanquablement, si la patience de l'observateur est assez longue, apparaître des points lumineux qui semblent se détacher, et qui, ayant parcouru un espace plus ou moins grand, s'éteignent complètement. Ces météores sont vulgairement appelés *étoiles filantes* ; ils ont inspiré une charmante chanson à Béranger, lisant dans l'azur tranquille et dans ces flammes fugitives de merveilleux secrets, et l'antiquité croyait qu'ils étaient un présage du vent, ainsi que le témoignent ces vers de Virgile :

Saepe etiam stellas vento impendente videbis
Praecipites coelo labi, noctisque per umbram,
Flammarum longos a tergo albescere tractus.

Les étoiles filantes n'ont rien de commun ni avec la destinée des hommes ni avec les souffles qui poussent les nuages et soulèvent les mers. Ces clartés passagères et inconstantes viennent de plus haut et de plus loin ; mais, considérées par les savants comme l'inflammation de vapeurs aériennes ou comme dues à des phénomènes électriques, elles semblaient suffisamment connues, et n'attiraient les regards que par la soudaineté de leur apparition et de leur extinction.

Quoique plus vifs, plus lumineux, plus rares, les bolides rentraient dans la même explication. Voici les caractères de ces météores : ils paraissent se mouvoir suivant des arcs de grands cercles ; ils ne viennent pas également de tous les points de l'horizon, mais ils affectent certaines directions principales ; il est impossible d'y reconnaître aucun mouvement de rotation. Leur disque apparent est inappréciable, bien que l'irradiation l'élargisse beaucoup ; leur forme est toujours circulaire, leur lumière éclaire plus ou moins l'horizon, et c'est là un des caractères qui les distinguent des étoiles filantes ; mais l'illumination qu'ils occasionnent est toujours bien inférieure à celle que donne la lune. On n'y peut voir aucune espèce de bouillonnement ni d'ouverture ; mais ils produisent assez souvent une traînée qui a été prise pour de la fumée, des étincelles et des flammes. Ils ne sont accompagnés d'aucun brouillard ni nuage ; leur élévation est très considérable. Jamais bolide n'a fait entendre le moindre bruit, le moindre sifflement. Très peu éclatent en fragments, qui font encore quelques degrés de course pour s'éteindre ensuite. Les bolides apparaissent subitement et disparaissent de même sans changer sensiblement de diamètre apparent, leur grandeur absolue est bien moindre qu'on ne l'avait supposé Jamais leur durée n'a dépassé un très petit nombre de secondes, deux trois ou quatre au plus.

Les étoiles filantes, qui, isolées, n'attirent point l'attention, les bolides, qui, isolés aussi, ne l'attirent que peu, ont maintes fois, par l'abondance et la continuité de leur apparition, frappé l'imagination des hommes, et les vieux chroniqueurs ont souvent inséré dans leurs, récits la mention de ces phénomènes singuliers, les présentant comme le signe de la colère céleste ou comme l'annonce de graves événements. Aussi, quand cette question est enfin venue à l'ordre du jour, on s'est mis, pour l'élucider, à rechercher les notices qui se trouvent disséminées dans les historiens au sujet des météores. En 1837, M. Quételet eut l'idée de faire un catalogue des apparitions météoriques les plus remarquables, catalogue qu'il publia en 1839, et dont il donna une seconde édition en 1841. Dans cette seconde édition sont rapportées 192 apparitions. Le catalogue de M. Herrick, qui fut présenté à la Société de Philadelphie en 1840, comprend 39 chutes d'étoiles filantes depuis les temps les plus anciens jusqu'à nos jours. Celui de M. Chasles, présenté à la séance de l'Académie des Sciences, de Paris en 1831, se compose de 89 apparitions puisées dans les anciennes chroniques, depuis l'an 530 après Jésus-Christ jusqu'à l'année 1233 ; parmi ces apparitions, il y en a 67 d'étoiles filantes en masse, et 20 d'étoiles filantes isolées. En 1842, M. Perrey, professeur de physique à Dijon, releva dans les auteurs, depuis l'année 533 après Jésus-Christ jusqu'à l'année 1169, 36 apparitions météoriques. Mais il n'est aucun peuple qui ait donné autant d'attention à ce phénomène que les Chinois.

M. Édouard Biot, qui consacrait principalement sa connaissance de la langue chinoise à l'élucidation des questions scientifiques, et qui a été enlevé, encore dans la force de l'âge, à ces études, a publié un catalogue général des étoiles filantes et des autres météores observés en Chine pendant vingt-quatre siècles, depuis le VIIe siècle avant Jésus-Christ jusqu'au milieu du XVIIe siècle de notre ère. Les observations depuis le vire siècle jusqu'à l'an 960, époque de l'avènement de la dynastie des Soung, formant la première partie du catalogue de M. Biot, sont extraites textuellement du livre 291 de Matouan-lin, célèbre auteur chinois de la fin du XIIIe siècle. Les observations suivantes, qui ont été faites sous la dynastie des Soung, et qui forment la seconde partie du même catalogue, ont été recueillies non pars dans Ma-touan-lin, mais bien dans les annales mêmes de la dynastie Soung, qui font partie de la grande collection des vingt-quatre historiens de la Chine. Pour les siècles suivants, M. Biot a consulté la continuation de Ma-touan-lin par des auteurs modernes et la section astronomique des annales des dynasties Youen et Ming ; dans la collection des vingt- quatre historiens qui s'étend jusqu'à l'an 1647 ; ces observations forment la troisième partie du catalogue. Les annales de la dynastie actuelle des Mantchoux n'ayant pas encore été publiées, M. Biot n'a pu faire connaître les dernières observations jusqu'à ce jour.

Des trois périodes que M. Biot a résumées en autant de tableaux, la plus importante est celle de la dynastie des Soung, comprise entre l'an 960 et 1275 de notre ère. Dans cet intervalle de trois siècles, les observateurs chinois ont enregistré 1,479 météores. On remarquera combien ce nombre surpasse celui des apparitions glanées parmi les écrivains occidentaux : il est vrai que ceux-ci ne les notaient que par hasard, tandis qu'en Chine un bureau était spécialement consacré à l'observation des météores ; mais on remarquera aussi que depuis juillet 1841 jusqu'à la fin de février 1845, c'est-à-dire en trois ans et huit mois seulement, 5,302 météores ont pu être notés en Europe, grâce à un mode régulier d'observation appliqué à l'étude de ces phénomènes par les auteurs d'un curieux mémoire sur *les étoiles filantes*, M. Coulvier-Gravier et M. Saigey, celui-ci bien connu par ses importants travaux sur la physique du globe. On comprendra sans peine que ce nombre, qui est en soi beaucoup plus considérable que celui des météores notés en Chine, l'emporte aussi infiniment par la valeur des observations, qui sont toutes comparables, ayant été faites par les mêmes observateurs. « En donnant ces courts extraits de tous les catalogues précédents, dit M. Saigey, nous n'avons d'autre but que d'en signaler l'existence ; plus tard nous en discuterons le contenu en prenant pour terme de comparaison nos propres observations et les lois qui en ont été déduites. Nous sommes persuadé qu'il est impossible d'apprécier les observations anciennes quand on n'en a pas fait soi-même un très grand nombre et qu'on ne les a pas discutées avec soin. C'est ainsi que l'on peut amender les fausses interprétations des auteurs de ces catalogues. Cependant on leur doit rendre ici justice pour la peine qu'ils se sont donnée en compulsant les vieilles chroniques et les annales des peuples étrangers. Il serait à désirer que de semblables recherches fussent faites dans les auteurs arabes. Ceux-ci n'ont pu cultiver l'astronomie sans observer les grands météores et les apparitions extraordinaires d'étoiles filantes. On en a déjà donné quelques citations curieuses, mais il reste là-dessus un travail spécial à entreprendre. »

Il n'est pas sans intérêt, on le voit, de rechercher dans les monuments du passé quelques traces des météores qui se sont montrés dans notre ciel ; mais il est encore plus intéressant, on le voit aussi, d'observer assidûment et systématiquement les météores actuels. Les observations modernes donnent foi et, créance aux observations anciennes ; elles permettent d'en tirer parti et de les faire entrer dans la discussion du phénomène. Ceci s'applique à toutes sortes de notions non-seulement astronomiques, physiques et chimiques, mais aussi à la biologie, à la médecine, à l'histoire. Dès qu'on trouve dans les temps modernes une observation bien étudiée qui soit l'analogue d'une observation ancienne vague, douteuse, incertaine, confuse, celle-ci, qui ne pouvait donner de lumière, en reçoit aussitôt et éclaire à son tour le point du passé auquel elle appartient.

S'il est possible de poursuivre systématiquement l'observation des étoiles filantes et des bolides, cela n'est plus praticable pour un autre phénomène météorique : je veux parler des pierres tombantes ou aérolithes. Ici, en effet, il n'y a pas à s'installer dans un observatoire pour attendre la chute de ces pierres ; cette chute est peu fréquente, du moins devant des yeux qui puissent en être témoins ; elle est tout-à-fait inattendue, rien ne l'annonce, et elle prendra toujours les savants au dépourvu. Il ne faut pas cependant croire qu'elle soit réellement aussi rare que pourrait le faire supposer la distance des intervalles qui en séparent les mentions authentiques. Schreiber eut l'idée assez heureuse de calculer combien il devait tomber de pierres sur toute la surface du globe, en partant de ce fait qu'il en est tombé dix en France de 1790 à 1816, c'est-à-dire dans une période de vingt-six ans, et qu'il en est tombé également dix dans les îles britanniques durant une période d'égale longueur, de 1791 à 1816 ; par la comparaison de l'étendue de ces deux pays à la surface entière du globe, il conclut qu'il doit y avoir proportionnellement, sur cette surface entière, deux chutes de pierres par jour, les deux tiers devant tomber dans l'océan et l'autre tiers sur la terre ferme. Aujourd'hui que le rapport entre la terre ferme et l'océan est mieux connu, on pourrait dire, suivant l'idée de Schreiber, que, sur quatre chutes de pierres météoriques, il y en a trois qui s'effectuent dans la mer et une seule sur les continents et les îles.

Longtemps les savants doutèrent de la chute des pierres et traitèrent d'opinion mal fondée la croyance vulgaire qui admettait la réalité d'un pareil phénomène. La croyance populaire se fondait sur des faits réellement observés et transmis d'âge en âge ; mais elle était allée fort au-delà de la vérité. De ce que les chutes de pierres étaient toujours accompagnées d'un bruit comparable à celui du tonnerre et souvent d'une lumière très vive, on avait fini par confondre ce phénomène avec celui de la foudre. Chaque fois que celle-ci touchait la terre, elle devait donc être accompagnée d'une chute de pierres, ou mieux, la chute de ces masses devait produire tous les et rets de la foudre ; mais il restait à trouver toutes ces pierres de foudre, et, comme elles manquaient, on les supposait enfoncées fort avant dans le soi, où on les retrouvait sous forme de concrétions pyriteuses (comme les boules de pyrite), ou sous forme de pétrification (comme les bélemnites), ou enfin sous la forme de pierres taillées (haches ou coins de jade qui ont servi aux premiers hommes). On supposait qu'elles provenaient de matières ténues, enlevées par les ouragans jusque dans la région des nuages, où la chaleur les amollissait et en favorisait la réunion instantanée en une masse solide. Cette opinion, plus ou moins modifiée dans la suite par la découverte de Francklin sur l'électricité atmosphérique, a été longtemps considérée comme satisfaisante au sein de l'ancienne Académie des sciences.

En possession d'une explication que l'on croyait bonne, on négligeait de faire constater les chutes successives. Il faut arriver jusqu'à l'année 1751 pour avoir une description de ce merveilleux phénomène, rédigée par procès-verbal authentique. « Le 26 mai 1751, à six heures du soir, dans les environs de Hradschina, près d'Agram, en Esclavonie, on aperçut dans le ciel un globe de feu qui se divisa en deux fragments semblables à des chaînes de feu entrelacées, où l'on aperçut une fumée d'abord noire et ensuite diversement colorée, et qui tombèrent avec un bruit épouvantable et avec une telle force, que l'ébranlement fut pareil à celui d'un tremblement de terre. L'un de ces fragments, qui pesait 71 livres, tomba dans un champ labouré peu de temps auparavant, où il s'enfonça de trois toises dans la terre et occasionna une fente de 2 pieds de large. L'autre de ces morceaux, du poids de 16 livres, tomba dans une prairie, à une distance de 200 pas du premier, et donna lieu à une autre fente large de 4 pieds. » L'attention ainsi éveillée, on eut de tous les côtés des récits authentiques ; enfin, ce qui vint clore toute discussion, ce qui élimina complètement la formation atmosphérique et fulminale, ce fut la chute du 26 avril 1803. M. Biot, envoyé sur les lieux par l'Académie des sciences, s'exprime ainsi dans ses conclusions : « Vers une heure après midi, le temps étant serein, on aperçut de Caen, de Pont-Audemer, et des environs d'Alençon, de Falaise et de Verneuil, un globe enflammé, d'un éclat très brillant, et qui se mouvait dans l'atmosphère avec beaucoup de rapidité. Quelques instants après, on entendit à L'Aigle, et autour de cette ville, dans un arrondissement de plus de trente lieues de rayon, une explosion violente qui dura de cinq à six minutes. Ce bruit partait d'un petit nuage qui avait la forme d'un rectangle. La plus grande de toutes les pierres que l'on a trouvées pesait 8 kilogrammes 5 dixièmes. Le nombre des pierres tombées peut être évalué à deux ou trois mille. » M. Biot recueillit les témoignages d'un très grand nombre de personnes, qui toutes avaient entendu la détonation, et dont beaucoup avaient vu tomber les pierres. Ces pierres, en tombant, s'enfonçaient plus ou moins dans la terre, étaient très chaudes, et répandaient une odeur de soufra insupportable.

Le très curieux rapport de M. Biot est le seul exemple que nous possédions jusqu'à ce jour d'une enquête véritablement scientifique sur une pluie de pierres tombées du ciel. Aussi suggère-t-il d'importantes considérations. Le météore marchait du nord nord-est au sud sud-est : ceci se conclut de la situation des fragments. En effet, M. Biot ayant eu l'idée très heureuse de déterminer le contour du terrain sur lequel les pierres étaient tombées, on reconnaît que ce contour est elliptique ; par conséquent le météore suivait une direction oblique à l'horizon, car, s'il eût suivi une direction verticale, la pluie de pierres aurait couvert un espace circulaire. Après l'explosion du météore, les projectiles, dans le sens de leur mouvement général, ont dû faire d'autant plus de chemin qu'ils étaient plus gros et par suite moins ralentis par la résistance de l'air ; de la sorte, la disposition des fragments sur le terrain selon leur ordre de grosseur donne la direction que suivait le météore. Le nuage noir était formé de la matière la plus ténue, comme celle qui compose les traînées des bolides et des étoiles filantes, traînées qui s'agglomèrent parfois en un nuage plus ou moins arrondi, lequel reste en place plusieurs secondes et même plusieurs minutes, s'il n'est entraîné par les agitations de l'air, et pendant ce temps les fragments volumineux continuent à se mouvoir dans le sens du météore avant l'explosion, chacun de ces fragments faisant le même bruit durant sa marche à travers l'atmosphère que dans le cas très fréquent où il ne tombe qu'une seule masse sans aucune rupture.

L'hypothèse de la formation des pierres météoriques au sein de l'atmosphère étant définitivement écartée par le rapport de M. Biot, on examina la question de savoir d'où elles venaient. D'abord Chladni, aux yeux de qui les aérolithes, les bolides et les étoiles filantes constituaient un phénomène de nature analogue, émit le premier l'hypothèse qu'ils étaient des corps dispersés dans l'espace où se meuvent les planètes, à la surface desquelles ils tombent de temps en temps, attirés par celles-ci et pénétrant dans leur atmosphère ; mais une telle idée ne fut pas accueillie, et, au lieu de recourir à des corps errants dans les espaces planétaires, Laplace, avec son école, se contenta de remonter jusqu'à la lune, amoindrissant ainsi, autant qu'elle pouvait être amoindrie, l'idée du physicien allemand. C'est seulement vingt ans plus tard que les astronomes placèrent enfin les météores ignés sans exception au rang des masses planétaires. « Si maintenant, dit M. Saigey à ce propos, on se rappelle que la discussion sur le mouvement de la terre a duré, plus d'un siècle, que la question de l'aplatissement du globe et de la fluidité primitive des planètes a duré près de cent ans, qu'enfin il a fallu près du même laps de temps pour faire admettre en France la loi de la gravitation, il sera bien établi que toutes les grandes vérités de l'ordre physique exigent, pour être généralement admises, deux ou trois générations d'hommes. »

L'opinion de Laplace fit grande sensation en Europe. On calcula quelle vitesse une masse projetée par un volcan lunaire devait avoir pour ne plus retomber sur la lune. Toutefois les observations effectuées pour apprécier la vitesse des météores qui pénètrent dans notre atmosphère ne furent point favorables à l'hypothèse sélénique. Cette vitesse est beaucoup trop grande, et une pierre venant de la lune avec la rapidité qui appartient aux météores ignés ne tomberait pas sur la terre, mais continuerait à cheminer.

À ce point, après qu'on se fut occupé d'estimer la hauteur, la vitesse et la direction des étoiles filantes, une nouvelle hypothèse surgit, et les astronomes considérèrent ces météores comme des astéroïdes qui tourneraient autour du soleil et que la terre rencontrerait aux nœuds communs de leurs orbites. Cette hypothèse fut suggérée par l'apparition extraordinaire d'étoiles filantes, dans la nuit du 12 novembre 1833, aux États-Unis d'Amérique. Ce fut en effet une apparition remarquable ; toute la nuit, il tomba du ciel une pluie de feu. Toutefois M. Saigey, discutant les renseignements fournis par les observateurs américains, arrive à conclure qu'ils sont entachés d'exagération. Établissant que ses propres observations donnent deux cents étoiles filantes pour un globe enflammé, et que quatre globes enflammés seulement furent aperçus aux États-Unis, il suppose que le nombre des étoiles n'a guère dépassé huit cents. Le phénomène alla croissant depuis le soir jusqu'au jour ; c'est du reste un résultat que démontrent sans réplique les observations faites depuis en Europe et en Amérique : l'apparition des étoiles filantes est toujours progressive du soir au matin. MM. Coulvier-Gravier et Saigey ont pour cela une expérience de longues années, et jamais une nuit n'a été abondante en météores sans que l'observation du soir ne l'ait fait pressentir ; en d'autres termes, jamais ils n'ont vu une apparition soudaine d'étoiles filantes.

Cette apparition extraordinaire, qui du reste, ne se distinguait pas des autres apparitions, extraordinaires aussi, qu'on avait eu occasion maintes fois d'observer, non-seulement avant cette époque, mais encore postérieurement, appela l'attention des astronomes. Comme les observations ne tardèrent pas à montrer qu'il y avait un retour périodique d'étoiles filantes au mois de novembre, ils s'emparèrent de ce fait et supposèrent qu'il était dû à un anneau composé d'astéroïdes et tournant comme une planète autour du soleil. Bientôt cependant d'autres retours périodiques furent aperçus, qui vinrent compliquer la question. Aussi les hypothèses se multiplièrent ; on varia sur la durée de la révolution de ces astéroïdes, sur l'inclinaison de leurs orbites, et il devint dès-lors évident que l'hypothèse ne cadrait pas avec le phénomène et qu'elle devait être abandonnée. « Les observations faites durant cette période, dit M. Saigey, et les catalogues formés d'anciennes observations ne seront pas inutiles à la science. Il était nécessaire d'essayer de toutes les hypothèses, afin de pouvoir choisir celle qui représenterait le mieux l'ensemble du phénomène. On peut seulement reprocher aux astronomes de s'être trop tôt jetés dans les explications. Dans l'étude des étoiles filantes, il fallait commencer, par un pénible travail de détail réclamé de tout le monde, et que personne n'a voulu exécuter, afin d'arriver à quelques faits généraux. Au lieu de cette marche prudente, les astronomes ont tenté tout de suite d'assimiler les météores à des planètes tournant autour du soleil, ce qui les dispensait de préliminaires fatigants, puisqu'il suffisait d'observer trois des éléments de la route suivie par ces astéroïdes de nouvelle espèce. Il est donc certain que la connaissance des météores ignés a fait ce faux pas uniquement parce que l'astronomie se trouvait trop avancée. Les astronomes ont péché par excès de science, et, une fois lancés dans cette fausse direction, l'amour-propre les y a fait persister. Otez-leur la connaissance qu'ils ont du mécanisme planétaire, privez-les des formules que les plus grands géomètres leur ont données, qui permettent de déterminer une orbite à l'aide d'un très petit nombre d'observations, et alors ils étudieront le phénomène des étoiles filantes en lui-même et non plus à l'aide de trompeuses analogies, en hommes qui désirent accroître leurs connaissances, et non en docteurs qui veulent montrer la supériorité de leur talent. »

Avant de spéculer sur le phénomène, il fallait l'observer. Or, cette tâche, un homme s'en était spontanément chargé dans une ville de province, loin de tout encouragement et au milieu d'occupations purement commerciales et industrielles. Un attrait singulier porta de très bonne heure M. Coulvier-Gravier à considérer les étoiles filantes. À la vérité, c'était une fausse vue qui le conduisait ; il espérait trouver dans ce phénomène des relations avec les variations atmosphériques, et arriver à prédire par-là ces variations mêmes. Malheureusement pour la science positive, qui ne s'occupe pas des causes finales, mais des choses en elles-mêmes, il avait négligé d'enregistrer ses observations, et, quoiqu'il eût commencé à observer bien longtemps auparavant, ce fût seulement en 1840 que, sur le conseil de M. Arago, il tint un journal où il inscrivit quotidiennement les directions des étoiles filantes. À partir de 1841, ce journal contint, outre les directions, le nombre des étoiles filantes, le commencement et la fin du temps de l'observation de chaque nuit. Pour embrasser tout le ciel, deux observateurs ayant été jugés nécessaires, M. Coulvier-Gravier s'adjoignit un des employés de sa maison, M. Chartiaux, qui, depuis, n'a cessé de lui venir en aide avec une intelligence et un zèle peu communs. Les choses restèrent en cet état jusqu'en 1845, où. M. Coulvier-Gravier fut mis en relation avec M. Saigey. Celui-ci, à la vue d'une aussi volumineuse collection, conçut qu'elle pourrait donner quelques résultats généraux, quelques lois encore inconnues. Il conseilla à M. Coulvier-Gravier de mettre de côté l'idée théorique concernant les variations atmosphériques, lui rappelant, pour le persuader, la situation peu flatteuse des astronomes, dont le système, beaucoup plus savamment étayé, s'était néanmoins écroulé sous une masse encore si faible d'observations. M. Saigey se mit lui-même à observer de concert avec M. Coulvier-Gravier, afin d'avoir une idée nette et précise du phénomène et des difficultés que l'étude en présentait. De cette collaboration, où l'un apportait une vaste collection de faits recueillis avec une patience singulière, et l'autre l'esprit de généralisation et les méthodes géométriques, naquirent des travaux qui constituent une nouvelle période dans la connaissance

Les Étoiles filantes

des étoiles filantes. Voici quelques-uns des résultats ainsi obtenus.

Depuis juillet 1841 jusqu'à la fin de février 1845, 5,312 étoiles filantes ont été vues en 1,034 heures.

Dans une même nuit, le nombre d'étoiles filantes n'est pas le même pour toutes les heures. Le dépouillement des observations montre que, lorsque celles-ci avaient été reprises à différentes heures de la nuit, le nombre des météores, à très peu d'exceptions près, augmentait notablement du soir au matin et pour le même intervalle de temps. Cette variation horaire se rencontrait à toutes les époques de l'année, tant à celles des retours périodiques que durant les nuits ordinaires.[1] Un tel résultat ne pouvait être fourni que par l'observation, et toutes les notions antérieures où l'on n'en tient pas compte, attendu qu'il était ignoré, doivent être corrigées d'après ce nouvel élément.

Y a-t-il une variation mensuelle comme il y a une variation horaire, c'est-à-dire aperçoit-on chaque mois une quantité égale ou une quantité différente de météores ? Pour décider cette question, il fallait ramener toutes les observations à la même heure de la nuit, afin de les rendre comparables. Ce calcul laborieux a conduit à cette conclusion : le nombre horaire est à peu près le même pour les six premiers mois de l'année, terme moyen 3,4. Le nombre horaire pour les six derniers mois est aussi à peu près le même, terme moyen 8,0, en sorte que le nombre horaire passe du minimum 3,4 relatif à l'hiver et au printemps au maximum 8,0 relatif à l'été et à l'automne. Ainsi le nombre des étoiles filantes se soutient à peu près le même du solstice d'hiver au solstice d'été, où il est le plus petit possible, et il se maintient à sa plus grande valeur durant tout le temps qui s'écoule entre le solstice d'été et le solstice d'hiver. En d'autres termes, nous voyons moins d'étoiles filantes quand la terre va du périhélie à l'aphélie, ou s'éloigne du soleil, et nous en voyons le plus lorsque la terre va de l'aphélie au périhélie, ou se rapproche du soleil.

---

1 La moyenne générale des étoiles par heure est de 5,6 ; cela veut dire que, si en dix heures il en tombe 56, la moyenne pour une heure sera 5 et 6 dixièmes. Quant au nombre horaire moyen, il est, pour 6 à 7 heures du soir, de 3,1 ; — pour 7 à 8 heures, de 3,5 ; — pour 8 à 9 heures, de 3,7 ; — pour 9 à 10 heures, de 4,10 ; — pour 10 à 11 heures, de 4,5 ; — pour 11 à 12 heures, de 5,0 ; — pour 12 à 1 heure du matin, de 5,8 ; — pour 1 à 2 heures, de 6,4 ; — pour 2 à 3 heures, de 7,1 ; — pour 3 à 4 heures, de 7,6 ; — pour 4 à 5 heures, de 6,0 ; — pour 5 à 6 heures, de 8,2.

Émile Littré

Le dépouillement a fait reconnaître quatre maximums dans l'année pour les étoiles filantes : le maximum d'hiver, qui est du 7 au 8 février ; celui du printemps, qui est du 1er au 2 mai ; celui d'été, qui est du 8 au 9 août ; celui d'automne, qui est du 7 au 8 novembre. Les astronomes avaient déjà signalé des retours périodiques pour le 10 août et le 12 novembre ; les nouvelles recherches confirment les observations antécédentes, et ajoutent deux autres retours périodiques qui avaient été jusque-là ou méconnus ou mal placés.

Un calcul approximatif a été fait aussi touchant le nombre d'étoiles filantes que deux observateurs peuvent voir pendant l'année. M. Coulvier-Gravier et son aide observaient même en présence de la lune, et du nombre des météores vus le jour de la pleine lune, la veille et le lendemain, on peut conclure que la lumière de notre satellite efface à peu près les trois cinquièmes du nombre des étoiles filantes que l'on aurait aperçues en son absence. Cette correction change la moyenne générale horaire 5,6 en 6,0.

On axait donc déjà, à l'aide de ce travail, avec toute la probabilité due donnent les grands nombres, la connaissance de la quantité d'étoiles filantes qui apparaissent à chaque époque de l'année et celle des météores qui viennent aux différentes heures de la nuit, — variations très considérables, déjà remarquées dans les apparitions extraordinaires, mais qu'on attribuait toujours à une variation dépendante des étoiles filantes elles-mêmes, et non pas à l'heure plus ou moins avancée. Cela fait, la direction fut examinée, et par la même méthode, c'est-à-dire par des observations patientes et des procédés géométriques, Il fut reconnu qu'il vient à peu près autant d'étoiles filantes du nord que du sud, mais qu'il en vient beaucoup plus de l'est que de l'ouest. La somme des étoiles du nord et du sud et la somme des étoiles de l'est et de l'ouest sont à peu près égales entre elles. On doit donc admettre que l'influence de l'est s'augmente de tout ce que perd l'ouest, de sorte que, sans une cause qui reporte de l'ouest sur l'est à peu près la moitié de ce qui appartiendrait à l'une et à l'autre de ces directions, il viendrait les mêmes quantités d'étoiles filantes des quatre points cardinaux de l'horizon.

La grandeur, la couleur et le mode d'apparition des météores furent étudiés. Jusqu'au 2 juin 1845, 8 globes enflammés ou bolides avaient été observés. Quant aux étoiles filantes proprement dites, on en avait noté 80 de première grandeur, c'est-à-dire ayant l'éclat de Jupiter ou de Vénus. Les étoiles filantes de seconde grandeur correspondent alors aux étoiles fixes de première grandeur, et ainsi de suite en descendant jusqu'à la sixième grandeur, qui correspond à la cinquième grandeur des étoiles fixes. La couleur est généralement blanche, surtout pour les globes et les étoiles de première grandeur. Quelquefois les étoiles sont rougeâtres et même tout-à-fait rouges, et il y en a plus de cette teinte dans les petites que dans les grandes. Les étoiles bleuâtres sont beaucoup plus rares. Les grandes étoiles sont sujettes à changer de couleur dans leur course apparente. Les météores donnent lieu à des traînées et à des fragments ; les traînées sont très variables d'aspect et de forme ; elles persistent plusieurs secondes après la disparition de l'étoile. Il n'y a que les globes filants qui se brisent parfois en éclats ; les fragments font encore quelques degrés de course et s'éteignent tous à la fois.

À mesure que les connaissances allaient ainsi se développant, les observations nouvelles soulevaient de nouvelles discussions, et on en venait à l'examen de particularités dont il n'avait pas d'abord été tenu compte. Parmi la quantité de matériaux accumulés chaque jour, on choisit deux nouveaux éléments du système des étoiles filantes, à savoir la longueur des trajectoires apparentes et la position des centres des météores. Le chemin apparent d'une étoile filante n'est pas le même, terme moyen, dans toutes les directions. Les étoiles filantes comprises entre le nord-nord-est et le nord-est font le plus long chemin moyen, qui est de 15 degrés 3 minutes, tandis que les étoiles filantes comprises entre le sud-ouest et l'ouest-sud-ouest parcourent le plus petit chemin moyen, qui est de 11 degrés 3 minutes. Des résultats tout-à-fait nouveaux et importants furent donnés par l'étude de la position : en général, une étoile filante descend vers l'horizon et ne remonte pas à la verticale, quelles que soient d'ailleurs l'époque de l'année et l'heure de la nuit. Il résulte de là qu'un observateur qui veut voir par exemple les étoiles venant de l'est ne doit pas se tourner dans cette direction, mais bien dans la direction opposée, c'est-à-dire vers l'ouest. Il y a donc une cause qui rejette hors du zénith chaque groupe d'étoiles, tellement que le centre de chacun de ces groupes se rapproche plus ou moins de l'horizon. Ceci est sans doute un effet combiné des mouvements de la terre et des mouvements propres de ces météores.

Les astronomes ont fait des observations pour déterminer la hauteur des étoiles filantes. Ce genre de recherches est difficile, et parce que les observateurs ; s'étant postés à des stations plus ou moins éloignées, doivent reconnaître parmi les météores aperçus celui qui a été vu simultanément aux stations, et parce que les résultats d'une observation si fugitive et si peu précise exigent beaucoup de soins pour être appréciés. Les nouvelles observations ont donné, comme les' observations antécédentes, des hauteurs considérables pour les étoiles filantes ; c'est à 10, 15, 20, 25 lieues qu'elles sillonnent l'espace. L'élévation sera encore bien plus grande pour les étoiles Mantes télescopiques qui ont été signalées par l'astronome américain Mason : c'est cette élévation qui rend si difficile l'explication de l'inflammation de ces météores.

Ces météores (gardons-leur un tel nom, car les comètes n'ont-elles, pas, elles aussi, été longtemps considérées comme des météores avant que l'astronomie les rejetât dans les espaces ?) constituent une série d'études nouvelles et curieuses. Ils ont successivement échappé aux trois premières hypothèses qui furent faites à leur sujet. Suivant la première, ils étaient dus à des exhalaisons terrestres qui se condensaient dans l'atmosphère et retombaient ensuite, de sorte que notre globe ne faisait que recevoir ce qu'il avait émis. Suivant la seconde, c'étaient les volcans de la lune qui nous les lançaient. Suivant la troisième, ces corpuscules formaient un anneau qui circulait autour du soleil comme aurait fait une planète. Ces trois hypothèses, provisoirement bonnes, puisqu'elles étaient vérifiables, se sont trouvées défectueuses. Il a fallu donner un champ plus large à ces météores. Non-seulement ils ne proviennent pas de la terre, non-seulement ils n'émanent pas de la lune, mais même ils ne sont pas astreints à circuler en anneau autour de l'astre qui règne sur notre système : c'est dans l'espace ouvert qu'ils sont lancés. Un mouvement rapide les emporte, et continuellement ils viennent rencontrer la terre, qui, elle, tourne autour de son soleil.

Il suffit de se représenter cette pluie incessante de corpuscules sur notre globe terrestre pour se faire des espaces cosmiques une idée qu'on n'en avait pas. Ce n'est plus seulement de soleils, de planètes, de satellites, de comètes qu'ils sont peuplés, mais encore ils sont semés d'une masse infinie de corpuscules qui y flottent librement et qui sont entraînés par des courants d'une vitesse merveilleuse. Il est certain que nous avons maintenant un phénomène qui peut nous servir d'indice sur la constitution de ces espaces parcourus par notre terre depuis un nombre illimité de siècles. On le sait, les astronomes sont désormais convaincus que le soleil, qui tourne sur lui-même, est animé aussi d'un mouvement de translation, de sorte que la terre, qui le suit, ne retombe jamais dans le même sillon, et les régions célestes par où elle passe sont, à vrai dire, incessamment nouvelles. Il faudra donc voir, l'observation aidant, si la pluie de météores baisse ou augmente, si l'on arrive dans des localités riches ou pauvres en corpuscules, et si enfin ce sont toujours les mêmes matières qui nous tombent d'en haut. Tout cela peut varier, et tout cela nous apprendra à connaître quelque peu la constitution des abîmes infinis sur lesquels nous sommes portés.

On peut ajouter que la terre y est directement intéressée. En effet, la masse de substance qu'elle reçoit par cette voie, quelque faible qu'elle soit, le long temps finit par la multiplier énormément, et il est impossible de n'en pas tenir compte. Nous avons vu qu'il arrive sur notre globe, tous les jours, quelque pierre plus ou moins pesante ; en outre les bolides y laissent tomber leurs substances ; les traînées des étoiles filantes amènent des poussières météoriques. Tout cela est journalier, tout cela dure depuis des milliers d'années, et durera sans qu'on puisse assigner au phénomène aucune limite. Peu de substance sans doute nous parvient ainsi jour par jour, mais ce peu se renouvelle incessamment. Il est impossible de se faire une idée de ce que la terre a reçu de cette façon depuis son origine, et de ce qu'elle est destinée à recevoir dans un avenir illimité ; mais un point reste certain : c'est qu'on ne doit pas la considérer comme un corps dont la croissance soit finie, qui n'ait rien à acquérir et qui demeure avec la somme de matières qu'il eut au commencement. Cette somme s'accroît perpétuellement par des augmentations insensibles et journalières, mais qui finissent à la longue : par avoir une valeur.

Ceci importe particulièrement à la géologie. Plus on aura de notions sur la quantité et la qualité des substances qui nous arrivent ainsi des espaces célestes, plus on pourra apprécier certaines conditions géologiques : c'est du moins un nouvel élément qu'il faut faire entrer en ligne de compte. Les pierres qui sont tombées depuis environ le commencement de notre siècle ont été analysées chimiquement, et les résultats ont été toujours à peu près les mêmes. Dix-huit corps simples s'y sont rencontrés, savoir, sept métaux ; fer, nickel, cobalt, manganèse, cuivre, étain, chrome ; six radicaux terreux et alcalins : silicium, calcium, potassium, sodium, magnésium et aluminium ; quatre combustibles non métalliques : hydrogène, soufre, phosphore et carbone ; enfin le corps comburant, oxygène. Ainsi, non-seulement on n'y rencontre pas quelque matière chimique différente de toutes celles qu'on a déjà trouvées dans les entrailles de la terre, mais même ces pierres météoriques ne renferment pas le tiers des substances dont se compose l'écorce de notre globe : ce qui prouve qu'elles viennent de régions du ciel plus pauvres en espèces, ou, si l'on veut, moins riches que notre petite planète. Néanmoins cette uniformité de composition peut changer ; ainsi tout porte à croire que Chladni a eu pleine raison de faire rentrer dans la classe des pierres météoriques les masses de fer natif que l'on a trouvées en divers points du globe, loin de tout volcan, et posées à la surface de terrains d'une nature tout-à-fait différente. La plus remarquable de ces masses, ou du moins celle qui a le plus engendré de discussions, est la masse dite de *Pallas*, voyageur qui, le premier, en a donné la description. En 1749, on découvrit un riche filon de fer au sommet d'une montagne en Sibérie ; puis, l'année suivante, à 150 toises de là, on trouva une grande masse de fer sur la bossé d'une montagne schisteuse et à la surface même du sol : il n'existait dans toute la montagne aucune trace d'anciens travaux de fonderie. Les Tartares croyaient que cette masse était tombée du ciel, et la regardaient comme sacrée. Elle pesait près de 690 kilogrammes. On a rencontré en beaucoup d'autres lieux des masses de fer pareilles. La plus considérable paraît être celle qui a été trouvée dans l'Amérique méridionale, province de Chaco, près Otumpa, pesant 300 quintaux, dans une contrée où il n'y a ni mine de fer, ni montagne, ni même aucune pierre : elle était enfoncée dans un terrain crayeux. De pareilles observations touchent à une foule de questions géologiques. Il y a eu une époque où des masses de fer nous sont arrivées en traversant notre atmosphère, masses qui maintenant gisent dispersées çà et là sur le sol. Les espaces célestes entrent en partage dans la formation de l'écorce terrestre, et rien ne nous défend de penser que la terre peut rencontrer en son chemin toutes les substances qu'elle renferme déjà dans son sein, et qui ont aussi, elles comme tout le reste, une origine céleste, car la terre n'est-elle pas dans le ciel ?

Les travaux sur les étoiles filantes sont maintenant assez avancés pour ouvrir une longue perspective à l'exploration scientifique. Beaucoup d'années seront nécessaires pour étudier le phénomène dans ses détails et dans ses conséquences. C'est sans doute un phénomène astronomique, mais qui ne comporte pas les méthodes astronomiques proprement dites. Aucun instrument destiné à la mesure des angles ne pouvant s'appliquer à l'observation des météores, il est impossible d'obtenir autre chose que des nombres ronds, des degrés, par exemple. « Or, dit M. Saigey, les mesures au degré sont, pour les astronomes, des blocs informes avec lesquels il leur est impossible d'édifier aucun monument. Habitué à manier la numération par le petit bout, l'astronome ne s'intéresse qu'aux minutes, et, s'il préfère quelque chose aux secondes, ce sont leurs dixièmes et leurs centièmes. » C'est donc un nouveau genre d'observation et de méthode qu'il faut pour un phénomène ancien dans la nature, nouveau dans la science.

C'est l'œuvre de la science de renouveler toutes les notions, défaisant d'une main et reconstruisant de l'autre. L'humanité, a dit Pascal, se comporte comme un être qui, vivant toujours, apprend toujours. Dans cette évolution se trouve comme base la somme d'instincts, de besoins, de passions qui, chez elle comme chez l'individu, forme les mobiles de la vie active. Puis viennent l'imagination et la raison, qui se partagent son histoire. Dans la jeunesse du monde, la raison ne sait rien ; l'imagination est maîtresse, et, par son heureuse hardiesse, crée les institutions sous lesquelles le genre humain se développe, la raison ne servant qu'à régulariser ce qui est ainsi spontanément fourni. Plus tard, et à fur et mesure, la raison empiète, et finalement tend à prendre le dessus et à tout reformer, l'imagination ne servant plus qu'à embellir ce qui a été ainsi laborieusement trouvé. Pour que la raison arrive à ce terme, il faut que la science, de particulière, devienne pleinement générale, si bien que, par exemple, l'astronomie, dont il a été ici surtout question, ne soit plus qu'un échelon pour monter au dernier degré, d'où le coup-d'œil embrasse l'ensemble des choses depuis les plus simples notions, qui sont celles de la mathématique, jusqu'aux plus compliquées, qui sont celles des sociétés et de leur histoire. En toute catégorie de phénomènes, les lois naturelles se substituent dans l'esprit humain aux conceptions primitives, qui supposaient des volontés et des intentions. De la sorte une vérité nouvelle s'établit parmi les hommes, et, durant la chute, graduelle de l'ancienne et insuffisante vérité, devient capable de les rallier et de les astreindre, c'est-à-dire de fermer les révolutions. Une nouvelle beauté ; un nouvel idéal surgissent, car qu'est la vieille conception de l'ensemble des choses à côté de la conception moderne, d'autant plus sublime et plus inspiratrice qu'elle est plus réelle ? Une nouvelle moralité s'élève à son tour, dont on peut apprécier toute la portée en l'appelant la moralité de la paix et du travail par opposition à la moralité de la guerre et de la conquête. C'est par ce lent travail que l'humanité prend conscience d'elle-même et possession du monde : conscience d'elle-même, en entreprenant résolument de modifier son existence sous la subordination aux lois naturelles qui la régissent ; possession du monde, en acquérant, par plus de science, plus de puissance. L'histoire a un but, et ce but est : rendre l'humanité plus puissante au dehors, meilleure au dedans.

ISBN : 978-1976343056

www.ingramcontent.com/pod-product-compliance
Lightning Source LLC
Chambersburg PA
CBHW050255230526

45470CB00005B/2276